用味噌小丸子
沖泡一碗湯

味噌女孩 藤本智子

瑞昇文化

Contents

本書的使用方法

＊味噌丸子的材料量約可做10個丸子。
＊1大匙的分量約15cc(ml)、1小匙約5cc(ml)。
＊味噌丸子食譜的餡料分量為目測。可依個人喜好略微調整。
＊本書刊登之味噌丸子照片，以能夠容易看清楚餡料為主。

什麼是「味噌丸子」？

從味噌、高湯、餡料，
一直到味噌的製作、保存方式
完整介紹製作味噌丸子的基本概念。

簡單！ 方便！ 美味！

開始啟動味噌
丸子的生活吧！

PART1　什麼是「味噌丸子」？

所謂的「味噌丸子」就是在味噌裡加入高湯粉和餡料，做成約一杯分量的即溶味噌丸子。

只要注入熱水，不管何時，無論何地，都能夠享受真正的味噌湯美味。

簡單、方便、美味、經濟又健康⋯⋯好處多多。

因為味噌和各種食材的相容性特佳，

「味噌×高湯粉×餡料」的搭配組合，

就能衍生無限大的變化！

圓滾滾又可愛的味噌丸子，不管是大人還是小孩都很喜歡喔！

來吧！你也一起開始啟動味噌丸子的生活吧！

「味噌丸子」有什麼迷人的魅力?

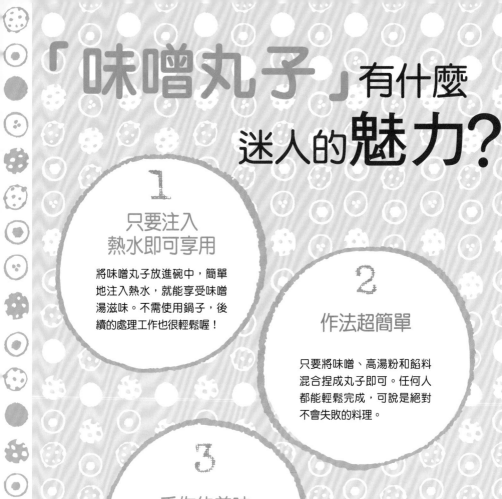

1 只要注入熱水即可享用

將味噌丸子放進碗中,簡單地注入熱水,就能享受味噌湯滋味。不需使用鍋子,後續的處理工作也很輕鬆喔!

2 作法超簡單

只要將味噌、高湯粉和餡料混合捏成丸子即可。任何人都能輕鬆完成,可說是絕對不會失敗的料理。

3 手作的美味

手工製作的味噌丸子,充滿溫潤的風味。任何時候都能享受手作的美妙滋味。

4

變化萬千的食譜

味噌和所有食材都能相容，只要改變味噌、高湯或餡料，就能變化出無限多的食譜，充分享受變化的樂趣。

5

一次做很多也OK

若有時間多做一些保存，想吃時會更方便。味噌丸子冷藏約可保存1星期，冷凍則可保存約1個月。

6

有益健康&
養顏美容

味噌營養價值很高，有助健康及美容。可以自己選擇食材，沒有添加物，讓人感覺非常安心。

7

方便攜帶

不管到哪裡，都能隨身帶著走，午茶時刻或戶外活動的場合都非常適合！

8

節省家庭開銷

使用家中既有的味噌·高湯·餡料就可以動作做。一次可以多做一些，不會浪費過多的水，可說是非常經濟實惠。

味噌材料

味噌是從1300年前就開始維持著日本人飲食生活的超級食物。各位都喜歡什麼樣的味噌呢?

● 味噌有許多種類

依照顏色來分類

外觀色紅者稱為「赤味噌」,色白者稱為「白味噌」,介於中間者則稱為「淡色味噌」。顏色不同主要是受到熟成時間的影響,熟成時間愈短者顏色愈白,隨著熟成時間愈長,顏色會變化為紅~紅褐色。

依照原料來分類

因為製作原料不同,可分為「米味噌」、「麥味噌」、「豆味噌」,以及由上述原料調和而成的「調和味噌」。

依照味道來分類

也可依照味道分為「甜味噌」、「甘醇味噌」、「濃味味噌」。依照鹽的分量和麴素的比例不同,味道會有所改變。

● 建議使用調和味噌

製作味噌丸子時，建議使用2～3種混合而成的味噌。

味道更為濃郁的味噌！

將2-3種味噌混合後，能釋放出更濃郁、更有層次的香氣，滋味更美妙。混合「赤味噌」和「白味噌」，或混合不同原料的「米味噌」和「豆味噌」，甚或混合不同產地的味噌，請多方嘗試，作出自己喜歡的獨特味噌吧！

高湯材料

味噌丸子的美味，取決於高湯。丸子裡使用天然高湯粉或
顆粒狀高湯等。

● 使用粉末狀高湯

雖然使用市售的顆粒狀高湯也OK，但若
使用熟魚乾、昆布、柴魚片等磨成的粉末
狀高湯(天然)，味道則更為道地！
10個味噌丸子的分量約使用天然高湯粉3
大匙，顆粒高湯則為1~2小匙。
※若是含鹽顆粒高湯則必須減量。

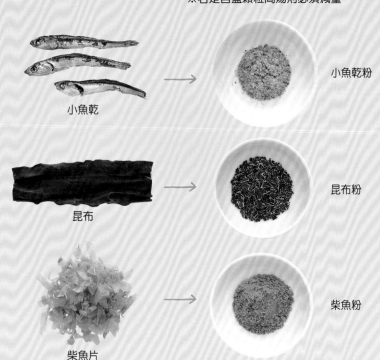

小魚乾 → 小魚乾粉

昆布 → 昆布粉

柴魚片 → 柴魚粉

各別做好後再混合也很美味喔！

● 天然高湯粉的作法

1 將小魚乾的頭和內臟去除，略微乾炒。使用柴魚片時，稍微炒過能增加香氣。

2 分成數次放進攪拌機裡，攪打成粉末狀。將昆布打成粉末狀時，請先切成適當大小後，再放進攪拌機裡絞碎。

手作的天然高湯粉，放在密封容器裡，置於陰涼處約可保存1個月。

味噌丸子的材料③

餡料材料

味噌丸子的餡料，建議使用乾燥者為佳。如此不但能長期保存，也較容易揉出做出漂亮的圓形。可以使用市售的乾燥蔬菜，在家製作的乾燥蔬菜也OK。

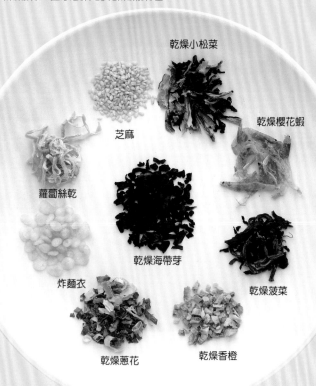

乾燥小松菜

芝麻

乾燥櫻花蝦

蘿蔔絲乾

乾燥海帶芽

乾燥菠菜

炸麵衣

乾燥蔥花

乾燥香橙

注意！
使用生鮮食材時，請選擇水分較少者，並去掉水分。
此外，因為保存期限較短，要特別注意。

乾燥蔬菜的作法

將青蔥、紅蘿蔔、白蘿蔔等蔬菜曬乾後，做成乾燥蔬菜吧！乾燥後，不但食物美味濃縮，也能提升營養價值。茄子、青椒、牛蒡、洋蔥、高麗菜、菇類等原則上都OK。依照蔬菜的種類，通常需要1~2天才能乾燥完成。

1
將蔬菜切成小薄片狀。水分較多的蔬菜，請使用廚房餐巾紙擦去水氣。

2
蔬菜片平鋪在大型的竹篩等容器上，不要重疊，放在日曬或通風良好的地方曬乾。

3
蔬菜片曬乾後，裝進密閉容器裡，保存在陰涼的地方。

乾燥所需要的時間依日曬或通風狀況而有所不同。

味噌丸子的基本作法

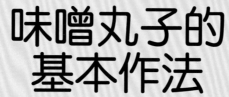

食譜全都是10個丸子的分量。

製作味噌丸子非常簡單！請掌握此處所說的基本作法，使用不同的食材，多做一些存放吧！

材料(10個份)

味噌…180g

天然高湯粉…3大匙

※或顆粒狀高湯1～2小匙

餡料/蘿蔔絲乾…2大匙

炸麵衣…2大匙

乾燥蔥花…2大匙

※或將6cm的蔥切成蔥花

Step1
將餡料剪碎

將乾燥餡料弄碎時，使用剪刀比較方便！

像蘿蔔絲乾這種大小的餡料，約剪成1cm大小（或切細）。

Step2
將味噌和高湯粉混合

高湯粉混入味噌中攪拌較不易結塊。

將味噌放入攪拌盆裡，加入高湯粉，充分混合使其不結塊。

Step3

混合餡料

將所有餡料混合後，做成「味噌丸塊」。

容易散開的炸麵衣或麩質等，最後再放入。

Step4

揉成丸子狀

揉成約1杯味噌湯分量的丸子(直徑約3cm)
※依照餡料種類或外層裝飾(p.62~64)的程度，丸子的大小也會不同。

以包鮮膜包覆後扭緊。放進密閉容器內,置於冷藏或冷凍庫保存(p.24)。

注入熱水就可以品嚐了!

味噌丸子
人氣食譜・BEST 3

從為數眾多的味噌丸子中，特選出最受歡迎的高人氣食譜。

第1名

和風味噌丸子

最受歡迎的多餡料和風基本款丸子

別懷疑，就是這一味！每天吃也不膩的限定味噌丸子。

材料(10個份)

味噌…180g
天然高湯粉…3大匙
※或顆粒狀高湯1-2小匙

油炸豆皮…2/3片　＊切成5mm四方形
蘿蔔絲乾…1大匙　＊切碎
乾燥蔥花…2大匙
※或將6cm的蔥切成蔥花

乾燥海帶芽…1大匙　＊切碎
乾燥香橙…2小匙

🥄 攪拌盆裡放入味噌和高湯粉混合後，再加入餡料，做成10個丸子。

味噌丸子
1

PART1 什麼是味噌丸子？

義式味噌丸子

起司和味噌的完美結合

材料(10個份)

味噌…180g

天然高湯粉…3大匙

※或顆粒狀高湯1-2小匙

溶化起司…50g

乾燥番茄…3大匙　＊切碎

乾燥菠菜…2大匙

乾燥舞菇…3大匙　＊切碎

※或將1/4盒舞菇切碎

橄欖油…1小匙

麵包丁…20粒

🥄 攪拌盆裡放入味噌和高湯粉混合後，再加入餡料，做成10個丸子。

麵包丁也可以用作頂端裝飾(p.66)。

味噌丸子 2

中華風味噌丸子

濃郁芝麻風味

材料(10個份)

味噌…180g

天然高湯粉…3大匙

※或顆粒狀高湯1-2小匙

乾燥櫻花蝦…2大匙

麩質…1大匙　＊切碎

乾燥蔥花…2大匙

※或將6cm的蔥切成蔥花

芝麻油…1小匙

杏仁碎片…40g　＊稍微炒香

🥄 攪拌盆裡放入味噌和高湯粉混合後，再加入餡料，做成10個丸子。

杏仁碎片也可以用作外層裝飾(p.62)。

味噌丸子 3

味噌丸子的保存

屬於發酵食品的味噌，原本就是很適合存放的食物。就算放進冷凍庫，依舊能維持其原有樣子而不結凍，因此，取出後立刻就能享受味噌湯的美味。

● 冷藏可保存1星期，冷凍可保存1個月

將味噌丸子以保鮮膜包覆後，鋪放在密閉容器內，闔上蓋子保存。冷藏約可存放1星期，冷凍則可保存約1個月。

若使用生鮮餡料時，大約可存放於冷凍庫1星期。

另外一種方式就是將味噌丸子放在大小相同的製冰盒裡保存。建議使用附蓋子的製冰盒較佳。

和風味噌丸子

乾物、油炸豆皮和香味蔬菜的餡料，
相互融合出和諧的和風味。
這裡，將收集了許多令人懷念的味噌湯美味。

味噌丸子
4

滿溢陽光的恩惠

蘿蔔絲乾和麩質 (10個份)

味噌…180g
天然高湯粉…3大匙

蘿蔔絲乾…10g ＊切碎
麩質…2大匙 ＊切碎
乾燥小松菜…2大匙

● 攪拌盆裡放入味噌和高湯粉混
合後，再加入餡料，做成10個
丸子。

味噌丸子
5

高雅的溫和香氣

昆布和香橙 (10個份)

味噌…180g
天然高湯粉…3大匙

昆布絲…2大匙 ＊切碎
乾燥香橙…2小匙
乾燥蔥花…2大匙
※或將6cm的蔥切成蔥花

● 攪拌盆裡放入味噌和高湯粉混
合後，再加入餡料，做成10個
丸子。

可依照個人喜好，先注入熱水，
再擠入少許香橙汁也OK。

常備餡料方便又輕鬆

高野豆腐和炸麵衣
(10個份)

味噌…180g
天然高湯粉…3大匙

高野豆腐…8g ＊切碎
炸麵衣…2大匙
乾燥鴨兒芹（註）…2大匙
※或將3根鴨兒芹切成1cm寬

🥢 攪拌盆裡放入味噌和高湯粉混
　合後，再加入餡料，做成10個
　丸子。

譯註：鴨兒芹台灣稱為山芹菜

充滿豐富鈣質

魩仔魚和豆皮(個份)

味噌…180g
天然高湯粉…3大匙

魩仔魚…4大匙
乾燥豆皮…2大匙 ＊剪碎
紫蘇…5片 ＊切細

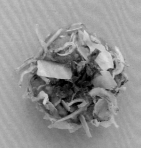

🥢 攪拌盆裡放入味噌和高湯粉混
　合後，再加入餡料，做成10個
　丸子。

味噌丸子
8

醬油風味營養滿點

油炸豆皮和牛蒡 (10個份)

味噌…180g
天然高湯粉…3大匙

油炸豆皮… 2/3片 ＊切成5mm四方形
乾燥牛蒡…2大匙
※或將1/5根牛蒡切成碎狀

薑…1/2小塊 ＊切絲

● 攪拌盆裡放入味噌和高湯粉混
合後，再加入餡料，做成10個
丸子。

味噌丸子
9

鮮豔橙色勾起食慾

油炸豆皮和櫻花蝦
(10個份)

味噌…180g
天然高湯粉…3大匙

油炸豆皮…2/3片 ＊切成5mm四方形
乾燥櫻花蝦…1大匙
乾燥蔥花…2大匙
※或將6cm的蔥切成蔥花

● 攪拌盆裡放入味噌和高湯粉混
合後，再加入餡料，做成10個
丸子。

味噌丸子
10

多汁漫開的海洋滋味

油炸豆皮和海苔

（10個份）

味噌…180g
天然高湯粉…3大匙

油炸豆皮…2/3片 ＊切成5mm四方形
海苔…完整2片 ＊撕細
蘿蔔嬰…1/5袋 ＊切成1cm寬

🥄 攪拌盆裡放入味噌和高湯粉混合後，再加入餡料，做成10個丸子。

味噌丸子
11

冷味噌湯清涼爽口

蘘荷和小黃瓜

(10個份)

味噌…180g
天然高湯粉…3大匙

蘘荷…2個 *切圓片
小黃瓜…1/5根 *銀杏切

🥄 攪拌盆裡放入味噌和高湯粉混
合後，再加入餡料，做成10個
丸子。

注入冷水後，再依個人喜好加
入萊姆片或擠入萊姆汁。

味噌丸子
12

能量豐富提升免疫力

洋薑和小松菜

(10個份)

味噌…180g
天然高湯粉…3大匙

乾燥洋薑…4大匙 *切小塊
乾燥小松菜…2大匙
寒天絲…3大匙

🥄 攪拌盆裡放入味噌和高湯粉混
合後，再加入餡料，做成10個
丸子。

13

發現感冒前兆

蕪菁和梅干

(10個份)

味噌…180g
天然高湯粉…3大匙

蕪菁…中型1/2個　＊切小塊
梅干…2大個　＊去掉梅核後敲碎
芝麻…1大匙

● 攪拌盆裡放入味噌和高湯粉混
　合後，再加入餡料，做成10個
　丸子。

14

食物纖維豐富乾淨腸道

蓮藕和鴨兒芹

(10個份)

味噌…180g
天然高湯粉…3大匙

乾燥蓮藕…2大匙
※或將1/6節蓮藕切成小塊狀
乾燥鴨兒芹…2大匙
※或將3根鴨兒芹切成1cm寬
乾燥蔥花…2大匙
※或將6cm的蔥切成蔥花

● 攪拌盆裡放入味噌和高湯粉混合後，
　再加入餡料，做成10個丸子。

味噌丸子
15

有益健康 活力滿點！

杏鮑菇和蒜頭

（10個份）

味噌…180g
天然高湯粉…3大匙

杏鮑菇…中型1根　＊切小塊
乾燥蒜頭…2小匙　＊切碎
輪切辣椒…1小匙

🥢 攪拌盆裡放入味噌和高湯粉混
　合後，再加入餡料，做成10個
　丸子。

蔬菜豐富 身體零負擔

香菇和紅蘿蔔 (10個份)

味噌…180g
天然高湯粉…3大匙

乾燥香菇…3大匙　＊切小塊
※或將3朵香菇切成小塊狀
乾燥紅蘿蔔…2大匙
※或將1/6根紅蘿蔔切絲
乾燥蔥花…2大匙
※或將6cm的蔥切成蔥花

🥄 攪拌盆裡放入味噌和高湯粉混
　合後，再加入餡料，做成10個
　丸子。

減肥的好搭檔

金針菇和豌豆莢 (10個份)

味噌…180g
天然高湯粉…3大匙

乾燥金針菇…3大匙
※或將1/3袋金針菇切成1cm寬
豌豆莢…8莢　＊切小塊
乾燥海帶芽…1大匙　＊切小塊

🥄 攪拌盆裡放入味噌和高湯粉混
　合後，再加入餡料，做成10個
　丸子。

33

味噌丸子
18

令人懷念的色香味

魚肉腸和蘿蔔嬰 (10個份)

味噌…180g
天然高湯粉…3大匙

魚肉腸…2/3根　＊銀杏切
蘿蔔嬰…1/5袋　＊切成1cm寬
乾燥蔥花…2大匙
※或將6cm的蔥切成蔥花

● 攪拌盆裡放入味噌和高湯粉混
　合後，再加入餡料，做成10個
　丸子。

身心都暖呼呼

甜不辣和蓮藕 (10個份)

味噌…180g
天然高湯粉…3大匙

甜不辣…1大片　＊切小塊
乾燥蓮藕…2大匙
※或將1/6節中型蓮藕切成小塊狀

乾燥鴨兒芹…2大匙
※或將3根鴨兒芹切成1cm寬

● 攪拌盆裡放入味噌和高湯粉混
　合後，再加入餡料，做成10個
　丸子。

色彩繽紛 美味可口

竹輪和青椒 （10個份）

味噌…180g
天然高湯粉…3大匙

竹輪…2根 ＊切小塊
青椒…1個 ＊切小塊
芥末…1/2小匙

🥄 攪拌盆裡放入味噌和高湯粉混
　合後，再加入餡料，做成10個
　丸子。

讓人上癮的軟綿綿口感

半片和海帶芽 （10個份）

味噌…180g
天然高湯粉…3大匙

半片(註)…1/2片 ＊切小塊
乾燥海帶芽…1大匙 ＊切小塊
乾燥蔥花…2大匙
※或將6cm的蔥切成蔥花

🥄 攪拌盆裡放入味噌和高湯粉混
　合後，再加入餡料，做成10個
　丸子。

註：半片是磨碎的魚肉加上山薯
　　和蛋白製成的魚板

味噌丸子
22

溫潤滋味 補充元氣

鵪鶉蛋和洋蔥 (10個份)

味噌⋯180g
天然高湯粉⋯3大匙

水煮鵪鶉蛋⋯5個　＊切小塊
乾燥洋蔥⋯2大匙
※或將1/10個洋蔥切成薄片

乾燥菠菜⋯2大匙

🥄 攪拌盆裡放入味噌和高湯粉混
　合後，再加入餡料，做成10個
　丸子。

味噌丸子
23

黏呼呼食材 提升活力！

納豆和青蔥 (10個份)

味噌⋯180g
天然高湯粉⋯3大匙

乾燥納豆⋯50g　＊切碎
乾燥蔥花⋯2大匙
※或將6cm的蔥切成蔥花

輪切辣椒⋯1小匙

🥄 攪拌盆裡放入味噌和高湯粉混
　合後，再加入餡料，做成10個
　丸子。

 擅長佐料美味

細麵和炸麵衣

(10個份)

味噌…180g
天然高湯粉…3大匙

細麵…30g ＊折成2cm寬
炸麵衣…2大匙
薑…1/2小塊 ＊切絲
乾燥蔥花…2大匙
※或將6cm的蔥切成蔥花

 攪拌盆裡放入味噌和高湯粉混
合後，再加入餡料，做成10個
丸子。

味噌丸子
25

當配菜也有滿足感

鯖魚罐頭和紫蘇

（10個份）

味噌…180g
天然高湯粉…3大匙

鯖魚罐頭…60g　＊去掉湯汁後打鬆
紫蘇…5片　＊切細
蘘荷…2個　＊切圓片

🐦 攪拌盆裡放入味噌和高湯粉混
合後，再加入餡料，做成10個
丸子。

味噌丸子
26

小小的奢華感覺

蟹肉和菠菜 （10個份）

味噌…180g
天然高湯粉…3大匙

蟹肉罐頭…50g　＊去掉湯汁
乾燥菠菜…2大匙
炸麵衣…2大匙

🐦 攪拌盆裡放入味噌
和高湯粉混合後，
再加入餡料，做成
10個丸子。

味噌丸子 27

有效預防宿醉的鳥氨酸

蜆肉和麩質

（10個份）

味噌…180g
天然高湯粉…3大匙

乾燥蜆肉…3大匙
麩質…1大匙　＊切小塊
乾燥蔥花…2大匙
※或將6cm的蔥切成蔥花

🥄 攪拌盆裡放入味噌和高湯粉混
合後，再加入餡料，做成10個
丸子。

味噌丸子 28

簡單的石狩鍋（註）風味

鮭魚鬆和高麗菜

（10個份）

味噌…180g
天然高湯粉…3大匙

鮭魚鬆…50g
乾燥高麗菜…3大匙
※或將1/2片高麗菜切絲

芝麻…1大匙

🥄 攪拌盆裡放入味噌和高湯粉混
合後，再加入餡料，做成10個
丸子。

譯註：石狩鍋是北海道地道的火鍋料
理，主要食材是鮭魚刺身

味噌丸子源起物語

這是將日本戰國時代武將們隨身攜帶食用的「味噌糰子」，重新命名成可愛又具有現代感的新名稱「味噌丸子」。

身為味噌女孩，開始實踐「味噌生活」的理由，光是「因為對身體很好，所以要喝味噌湯！」這樣的說法是無法完全傳達的。因此，我不斷地思考是否有更有趣、更時尚，甚至更容易享用的方法。於是，「味噌丸子」應運而生。

包裝得很可愛之後，當作禮物送給想送的對象，得到的反應出乎意外的好。「這⋯是味噌!?」、「這禮物好棒啊！」、「好想趕快做看看喔！」、「是什麼味噌？餡料是什麼？怎麼保存？」，總是得到這樣愉悅的迴響。

在全國各地舉辦的「味噌丸子工作坊」，隊伍總是大排長龍。從小朋友到大朋友，都能做出可愛的味噌丸子。

雖然「味噌」自古以來就維持日本人的生活和守護日本人的健康，每天都喝卻不膩，這足以證明味噌是身體所必需的，或許DNA中早就確定了吧！味噌的香氣和味道，讓很多人會想起「母親」或「故鄉」，總是讓人感到安心，這也是「味噌的力量」。

喝味噌湯時，內心也會感到「圓滿」而安定。我想透過味噌丸子，將全日本、全世界的人連成一個「大圓滿」，展現笑顏⋯。基於這樣的想法，故命名為「味噌丸子」。

洋風味噌丸子

洋風蔬菜中添加少許起司和奶油
是美味的關鍵,
請享受味道特別濃郁的味噌湯吧!

味噌丸子
29

王道的搭配組合

起司和玉米粒 (10個份)

味噌…180g
天然高湯粉…3大匙

溶化奶油…50g
甜玉米粒罐頭…50g
乾燥菠菜…2大匙

🫘 攪拌盆裡放入味噌和高湯粉混
合後，再加入餡料，做成10個
丸子。

可依照個人喜好，添加橄欖油
或胡椒。

味噌丸子

30

熱那亞風的全新邂逅

起司和橄欖 (10個份)

味噌…180g
天然高湯粉…3大匙

溶化奶油…50g
橄欖…8粒 ＊去籽後切小塊
水煮蘑菇…40g ＊切小塊
乾燥羅勒…1小匙
※或將生羅勒5片切成小塊狀

🫘 攪拌盆裡放入味噌和高湯粉混合後，
再加入餡料，做成10個丸子。

香氣濃郁的義式限定美味

起司和牛肝菌菇 (10個份)

味噌…180g
天然高湯粉…3大匙

溶化奶油…50g
乾燥牛肝菌菇…3大匙 ＊切小塊
青椒…1個 ＊切小塊
羅勒青醬…1小匙

🥄 攪拌盆裡放入味噌和高湯粉混
合後，再加入餡料，做成10個
丸子。

想品嚐葡萄酒美味

馬蘇里拉起司和番茄 (10個份)

味噌…180g
天然高湯粉…3大匙

馬蘇里拉起司（註1）…40g
乾燥番茄…15g ＊切小塊
乾燥巴西利（註2）…1小匙
※或將3根巴西里切碎

🥄 攪拌盆裡放入味噌和高湯粉混合後，
再加入餡料，做成10個丸子。

譯註1：馬蘇里拉起司是一種源自於義大利南部城市坎帕尼亞和那不勒斯的淡起司。
譯註2：巴西利，又名香芹、巴西里、洋香菜、歐芹、洋芫荽或番芫荽、荷蘭芹等。

味噌丸子
33

搭配麵包作為早午餐

臘腸和玉米筍

（10個份）

味噌…180g

天然高湯粉…3大匙

臘腸…3~4根　＊燒烤過後切小塊

水煮玉米筍…3根　＊切小塊

乾燥巴西利…1小匙

※或將3根巴西利切碎

● 攪拌盆裡放入味噌和高湯粉混
合後，再加入餡料，做成10個
丸子。

品嚐西洋湯頭的美味

培根和白蘆筍 （10個份）

味噌…180g
天然高湯粉…3大匙

培根…50g ＊燒烤過後切小塊
水煮白蘆筍…40g ＊切細長狀
乾燥蒜頭…2小匙 ＊切碎

🥄 攪拌盆裡放入味噌和高湯粉混
　合後，再加入餡料，做成10個
　丸子。

味道溫潤色彩柔和

火腿和西洋芹 （10個份）

味噌…180g
天然高湯粉…3大匙

火腿…4片 ＊切成5mm方形
西洋芹…1/2根 ＊切薄片
乾燥紅蘿蔔…2大匙
※或將1/6根紅蘿蔔切絲

🥄 攪拌盆裡放入味噌和高湯粉混
　合後，再加入餡料，做成10個
　丸子。

味噌丸子 36

健康排毒湯品

青椒和洋蔥（10個份）

味噌…180g
天然高湯粉…3大匙

青椒…1/2個 ＊切小塊
乾燥洋蔥…2大匙
※或將1/10個洋蔥切成薄片
乾燥巴西利…1小匙
※或將3根巴西利芹切碎

攪拌盆裡放入味噌和高湯粉混合後，再加入餡料，做成10個丸子。

味噌丸子 37

微辣芥末醬提味

西洋菜和舞菇（10個份）

味噌…180g
天然高湯粉…3大匙

西洋菜（註）…1/2束
乾燥舞菇…3大匙 ＊切小塊
※或將1/4盒的舞菇切小塊狀
橄欖油…1小匙
芥末…1小匙

攪拌盆裡放入味噌和高湯粉混合後，再加入餡料，做成10個丸子。

譯註：西洋菜是十字花科西洋菜屬的一種植物，也稱水田芥、豆瓣菜、水蔊菜。

低卡洛里 具美肌效果

蘑菇和
獅子唐辛子 (10個份)

味噌…180g
天然高湯粉…3大匙

水煮蘑菇…40g ＊切小塊
獅子唐辛子…6根 ＊切小塊
乾燥蒜頭…2小匙 ＊切碎

🥢 攪拌盆裡放入味噌和高湯粉混合後，
　　再加入餡料，做成10個丸子。

維他命C和鐵質豐富

櫻桃蘿蔔和菠菜
(10個份)

味噌…180g
天然高湯粉…3大匙

櫻桃蘿蔔…3個 ＊銀杏切
乾燥菠菜…2大匙
乾燥蒜頭…2小匙 ＊切碎
奶油…1小匙
黑胡椒…少許

🥢 攪拌盆裡放入味噌和高湯粉混合後，
　　再加入餡料，做成10個丸子。

味噌丸子 40

山珍海味協奏曲

帆立貝和蘆筍

(10個份)

味噌⋯180g

天然高湯粉⋯3大匙

帆立貝罐頭（註）⋯50g
＊去掉湯汁後切小塊狀

蘆筍⋯1根
＊切2mm圓片

奶油⋯1小匙

🥄 攪拌盆裡放入味噌和高湯粉混
合後，再加入餡料，做成10個
丸子。

譯註：帆立貝，又名蝦夷盤扇
貝，是鶯蛤目光芒海扇
蛤科的一種。

味噌丸子 41

豆類能量有益健康

鷹嘴豆和花椰菜苗

(10個份)

味噌⋯180g

天然高湯粉⋯3大匙

水煮鷹嘴豆⋯50g ＊切小塊

花椰菜苗⋯1/5袋 ＊切成1cm寬

橄欖油⋯1小匙

胡椒⋯少許

🥄 攪拌盆裡放入味噌和高湯粉混
合後，再加入餡料，做成10個
丸子。

味噌丸子
42

大人小孩都喜歡
金槍魚美乃滋
(10個份)

味噌…180g
天然高湯粉…3大匙

金槍魚罐頭(無油)…50g ＊去掉湯汁
乾燥菠菜…2大匙
美乃滋…1小匙

 攪拌盆裡放入味噌和高湯粉混合後，再加入餡料，做成10個丸子。

一整天都有味噌丸子

早晨

忙碌的一天早晨從味噌丸子開始。以米飯和味噌湯來豐富一天的營養。早餐豐富而確實，就能安然度過充實的一整天。

午時

辦公室和學校的午餐時間。休息或加班等需要稍微小憩片刻時，或肚子有點飢餓時，最適合味噌湯登場。味噌湯可以取代咖啡、茶或點心等。

傍晚

累了一天回家，沒有充裕的時間做晚餐，有一碗味噌湯，就非常方便。當然，味噌湯也能輕鬆地當作調味料或烹飪材料使用。

亞洲味噌丸子

使用咖哩、堅果、泡菜等特別材料，
做出獨具風味的味噌丸子，你覺得如何呢？

味噌丸子
43

味噌湯代替溫熱豆漿

菠菜咖哩

(10個份)

味噌…180g
天然高湯粉…3大匙

咖哩粉…1大匙
乾燥菠菜…2大匙
溶化奶油…50g

● 攪拌盆裡放入味噌和高湯粉混
合後，再加入餡料，做成10個
丸子。

香噴噴白飯是最佳搭檔

鵪鶉蛋咖哩 (10個份)

味噌…180g
天然高湯粉…3大匙

咖哩粉…1大匙
水煮鵪鶉蛋…5個　＊切小塊
乾燥洋蔥…2大匙
※或將1/10個洋蔥切成薄片

🫘 攪拌盆裡放入味噌和高湯粉混
　合後，再加入餡料，做成10個
　丸子。

大豆異黃酮讓女性心情愉悅

豆咖哩 (10個份)

味噌…180g
天然高湯粉…3大匙

咖哩粉…1大匙
水煮大豆…50g
青椒…1個　＊切小塊

🫘 攪拌盆裡放入味噌和高湯粉混
　合後，再加入餡料，做成10個
　丸子。

節食的人也能安心享用

芝麻和寒天 (10個份)

味噌…180g
天然高湯粉…3大匙

芝麻…1大匙
寒天絲…3大匙
乾燥小松菜…2大匙
芝麻油…1小匙

● 攪拌盆裡放入味噌和高湯粉混
合後，再加入餡料，做成10個
丸子。

想要肌膚美美時

芝麻和韭菜 (10個份)

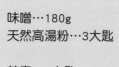

味噌…180g
天然高湯粉…3大匙

芝麻…1大匙
韭菜…6cm　＊切成5mm寬
粉絲…10g　＊切成1cm寬

● 攪拌盆裡放入味噌和高湯粉混
合後，再加入餡料，做成10個
丸子。

滿滿的堅果 營養滿點

核桃和紅蘿蔔 (10個份)

味噌…180g
天然高湯粉…3大匙

核桃…30g ＊切小塊
乾燥紅蘿蔔…2大匙
※或將1/6根紅蘿蔔切絲
乾燥蒜頭…2小匙 ＊切碎

 攪拌盆裡放入味噌和高湯粉混
合後，再加入餡料，做成10個
丸子。

豐富食材大滿足！

腰果和叉燒 (10個份)

味噌…180g
天然高湯粉…3大匙

腰果…40g ＊切小塊
叉燒…5片 ＊切小塊
獅子唐辛子…6根 ＊切小塊

55

攪拌盆裡放入味噌和高湯粉混
合後，再加入餡料，做成10個
丸子。

味噌名子
50

剩菜也能做成味噌丸子

餃子和高麗菜 （10個份）

味噌…180g
天然高湯粉…3大匙

餃子…5個　*切小塊
乾燥高麗菜…3大匙
※或將1/2片高麗菜切絲

芝麻油…1小匙

● 攪拌盆裡放入味噌和高湯粉混
　合後，再加入餡料，做成10個
　丸子。

意外的最佳組合

榨菜和石蓴 （10個份）

味噌…180g
天然高湯粉…3大匙

調味榨菜…50g　*切小塊
石蓴（註）…1大匙　*切小塊
麩質…1大匙　*切小塊

● 攪拌盆裡放入味噌和高湯粉混
　合後，再加入餡料，做成10個
　丸子。

譯註：石蓴，又名海萵苣，為石蓴屬下的一種綠藻。

味噌丸子
52

隱藏的醬汁決定美味

筍乾和茼蒿 （10個份）

味噌…180g
天然高湯粉…3大匙

調味筍乾…50g ＊切小塊
茼蒿…1/5束 ＊切小塊
辣醬油(Worcester sauce)…1小匙
輪切辣椒…1小匙

● 攪拌盆裡放入味噌和高湯粉混
  合後，再加入餡料，做成10個
  丸子。

味噌丸子
53

鐵定上癮的美味

泡菜起司 (10個份)

味噌…180g
天然高湯粉…3大匙

泡菜…50g ＊切小塊
溶化奶油…50g
乾燥小松菜…2大匙

● 攪拌盆裡放入味噌和高湯粉混
　合後，再加入餡料，做成10個
　丸子。

味噌丸子
54

最夯的椰子油補充腦部活力

椰子油和櫻花蝦
(10個份)

味噌…180g
天然高湯粉…3大匙

椰子油…1小匙
乾燥櫻花蝦…2大匙
乾燥菠菜…2大匙

● 攪拌盆裡放入味噌和高湯粉混
　合後，再加入餡料，做成10個
　丸子。

辛辣美味引誘食慾

豆瓣醬和豆苗 (10個份)

味噌…180g
天然高湯粉…3大匙

豆瓣醬…1小匙
豆苗…1/5盒　＊切1cm寬
乾燥香菇…3大匙　＊切小塊
※或將3朵香菇切成小塊狀

● 攪拌盆裡放入味噌和高湯粉混
　合後，再加入餡料，做成10個
　丸子。

令人垂涎三尺的異國滋味

烏賊甜辣醬料 (10個份)

味噌…180g
天然高湯粉…3大匙

乾燥烏賊…3大匙　＊切小塊
乾燥芫荽…1大匙
※或將3根芫荽切成1cm寬

甜辣醬…1小匙

● 攪拌盆裡放入味噌和高湯粉混
　合後，再加入餡料，做成10個
　丸子。

味噌女孩的思維

所謂「味噌女孩」是指熱愛味噌，並能傳達味噌好處的「媽咪未滿」之女性族群（「媽咪未滿」是指將來打算成為母親的女性）。

雖然我以前從事與服裝時尚相關的行業，但因為皮膚嚴重乾燥粗糙，不得不大幅度改變生活方式。其中，近年來因為流產或不孕症等問題無法懷孕的女性急劇增加，是大家都知道的事實，因此青少年時期到懷孕前的飲食情形和生活習慣，真的很重要。

正當我努力摸索著「什麼才是真正對身體有益的東西」時，找到了味噌。我直覺地認為：「味噌就是改變年輕女性身體和思維的關鍵！」。2011年11月在「365日味噌生活宣言」活動中，開始擔任味噌女孩的角色。透過自製短片和發送訊息，讓將來想要成為母親的女孩們都能更美麗、更健康，那是才是真實而有意義的傳達。

成為味噌女孩以來，我沉浸在味噌生活中，感受味噌的美味和快樂，真正感覺一切都有可能。我粗糙的肌膚現在已經完全根治，身體也不太容易感冒了。

我要將美味又能給人幸福感的味噌魅力，傳達給更多的年輕人和孩子們。

PART5

外表凸起的
味噌丸子

以粉末、薄片增添色彩，
用堅果或乾燥食材妝點華麗，
這裡有許多外層裝飾成既時尚
又華麗的味噌丸子喔！

外層裝飾

建議大家也能盡情享受味噌丸子外層裝飾的樂趣。以杏仁或芝麻等繽紛的粉粒包覆外層，看起來就像松露巧克力喔！

※粉粒隨著時間經過會吸收水氣，建議食用前再撒上吧！只要將丸子放在盤子裡，咕嚕咕嚕地轉動，外層就能包裹的很漂亮喔！

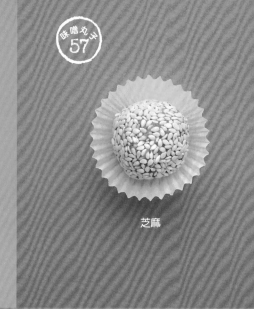

味噌丸子 57

芝麻

味噌丸子 58

杏仁碎粒

味噌丸子 59

石蓴

南瓜薄片

昆布絲

味噌粉末(白)

味噌粉末(紅)

味噌丸子
64

梅粉

味噌丸子
65

紅薯粉末

味噌丸子
66

菠菜粉末

味噌丸子
67

紅蘿蔔粉

PART5
外表凸起的味噌丸子

頂端裝飾

味噌丸子要作為禮盒(p.82)或運用在派對聚會時,必須花點工夫,在丸子頂端進行裝飾。如此作為重點提味,或做成便當的樣式登場,一定會成為眾人矚目的焦點。請發揮各種獨特的創意,試著做出可愛的頂端裝飾吧!

金箔

米果

南瓜子&粉紅胡椒

味噌丸子
71

乾燥香橙

味噌丸子
72

火腿&起司

味噌丸子
73

麵包丁

味噌丸子
74

核桃

味噌丸子
75

麩

味噌丸子
76

辣椒

味噌丸子
77

乾燥高麗菜

味噌丸子
78

乾燥番茄

Column4
味噌魅力發送中！

因為「365日味噌生活宣言」活動，我每天都為了傳達味噌的魅力而努力著。辦理味噌丸子工作坊、味噌丸子體驗教室及味噌專業教室等。此外，還發行「日本味噌月刊」（月刊5萬份）、專業媒體上的演出等，透過各種方法傳達日本的傳統食物「味噌」。

米蘭萬國博覽會日本館的「味噌湯＆味噌專區」。

味噌體驗教室及手作味噌講座。

PART6

味噌丸子的
多樣變化

添加食材・調味料
或利用味噌丸子的速食食譜等多種創意，
大大地擴展了味噌丸子的多樣性。

在味噌丸子裡添加食材

水分較多或不易保存的餡料，可以在熱水溶解味噌丸子時再添加進去。如此一來，味道會比一般的味噌丸子更濃郁且分量更多。建議也可以添加番茄、酪梨、豆腐、蒟蒻片等食材。

菜餚變身為味噌丸子

只要取一些配飯的菜餚，就能作為味噌丸子的餡料喔！例如，將金平牛蒡切成小塊後，和味噌、高湯混合後揉成丸子，就成了「金平味噌丸子」。鹿尾菜、餃子或炸雞塊等也很美味。冷凍保存時，請在一星期內食用完畢。

在味噌丸子裡添加調味料

味噌丸子雖然是以「味噌×高湯×餡料」為基底做成，但如果能再添加其他調味料，就會產生更獨特的味道。可以依照個人喜好，添加一小匙日本酒、味醂、醬油或酢等(味噌丸子為10個份)。若是小朋友要吃的，建議可添加番茄醬或美乃滋。摻入芝麻油或橄欖油，也可以讓味道更為香醇濃郁。

味噌丸子搭配茶或豆漿

雖然味噌丸子基本上必須以熱水溶解，但夏天則建議使用
冷水(p.30)。另外，以豆漿(p.52)或綠茶沖泡也非常美味。
為了能享受各種味道，丸子分別做成一杯分量的大小吧！

簡單的
味噌丸子料理

在此介紹如何利用味噌丸子輕鬆做出味噌湯以外的料理食譜。

只要炊煮就能完成！

味噌丸子IN米飯中炊煮

味噌丸子
79

材料 (4人份)

米…2米杯
水…350ml
雞腿肉…120g
鴻禧菇…1/2袋
紅蘿蔔…1/4根
牛蒡…1/2根
油炸豆皮…1/2片
昆布…切成10cm丁狀
豌豆莢…5~6片
味噌丸子…1個

A ┌ 酒…1大匙
  ├ 味醂…1大匙
  ├ 砂糖…1大匙
  └ 醬油…1大匙

作法

① 米洗淨後浸泡30分鐘。
② 將米和水、材料A一起放進電鍋裡。
③ 將切成一口大小的雞腿肉、去根部後撕開的鴻禧菇、紅蘿蔔絲、牛蒡、油炸豆皮和昆布後炊煮。
④ 炊煮完成後，放入味噌丸子，再炊煮10分鐘後混合。
⑤ 盛在碗裡，上方裝飾切絲的豌豆莢。

味噌丸子
80

可嘗試搭配各種蔬菜沙拉
味噌丸子IN蔬菜沾醬

材料 (2人份)

白蘿蔔、西洋芹、
紅蘿蔔、小黃瓜等
＊切成條狀

馬鈴薯、地瓜、南瓜、
牛蒡等
＊先蒸煮過

味噌丸子…1個

A ┌ 美乃滋…2大匙
  │ 酢…1小匙
  │ 蜂蜜…1小匙
  └ 蒜泥…1瓣

作法

①將材料A和味噌丸子混合後做成沾醬。
②將切成一口大小的蔬菜裝在盤子裡，沾取步驟①一起食用。

味噌丸子
81

完成後再加入，濃郁美味再升級！

味噌丸子IN芝麻豆漿鍋

材料（2～3人份）

豬肉（涮涮鍋用）…300g

大白菜…1/4個

白蘿蔔…10cm

紅蘿蔔…1/4根

蔥…1根

茼蒿…1/2把

豆芽…1/2盒

金針菇…1盒

鴻禧菇…1盒

豆腐…1/2塊

豆漿…200ml

味噌丸子…2個

A ┌ 高湯汁…600ml
  │ 芝麻醬…2大匙
  │ 芝麻粉…2大匙
  │ 酒…2大匙
  │ 味醂…1大匙
  └ 醬油…1大匙

作法

①將豆芽以外的蔬菜和豆腐，切成容易入口的大小。金針菇和鴻禧菇切下根部後撕開。

②將材料**A**和食材放進鍋裡煮（容易熟的較慢放入）。

③沸騰後再放入豆漿和味噌丸子，稍微熬煮即可。

盡情享受味噌丸子的生活吧！

透過「味噌×高湯×餡料」的搭配組合，味噌丸子能做出的料理可說是無限多。各位可以參考本書的食譜，加上自己的喜好和創意，做出專屬於自己的「MY 味噌丸子」。

雖然自己一個人做味噌丸子也很有趣，但若是大家都帶著餡料一起動手做，樂趣感一定倍增。和家人或朋友們一起進行味噌派對、露營或運動等戶外活動時食用也很棒喔！

此外，也很適合在情人節、聖誕節、母親節、父親節或敬老等節日時，當作禮物送給平日對自己照顧有加的人。準備禮物的過程中，能在腦海中浮起對方笑容的，非手作味噌丸子莫屬了。

話說，自詡為「日本第一味噌迷」的我，冰箱裡常常備有各種味噌丸子。除了味噌湯和味噌料理之外，所有的料理我都會添加味噌丸子。託此之福，我的身體和心靈都百分百健康，每天也都過得很快樂，很充實。

因此，我想透過味噌丸子，將全日本、全世界的人連結成一個大圓，讓每個人每天都能喝到美味味噌湯，展露出無比燦爛的笑容，這是我的心願。從今天開始，就和大家一起享受「味噌生活」吧！

PART7

更多樂趣的
味噌丸子

此單元特別將在地味噌
或手作味噌等包裝起來作為禮物，
進一步介紹如何享受味噌丸子帶來的樂趣。

贈送味噌丸子吧！

味噌丸子經過可愛的包裝後當作禮物，送給每日忙碌工作的他或一直以來對自己照顧有加的人，一定會得到「實在太感謝了！」或「我太喜歡了！」之類的回應。也可以送給遠在故鄉的雙親或祖父母，同時獻上「一定要健康喔！」的祝福，收到的人一定會露出燦爛的笑容。

包裝成棒棒糖的樣子，做成充滿流行感又可愛的味噌丸子。喝味噌湯時，棒子還能當作攪拌棒使用喔！

糖果紙包裝成糖果模樣的味噌丸子。放進透明的袋子裡，繫上緞帶或花朵裝飾，絕對是充滿魅力的禮物。

外層裹料或頂端裝飾成巧克力模樣的味噌丸子，放進小小盒子裡，也很適合作為情人節禮物喔！

味噌丸子的食譜，當然要考慮對方的飲食喜好，若能依照味噌產地(出生地當地的味噌)或功效等進行選擇也很好喔！

家庭聚會時，味噌丸子的自助料理。外觀漂亮可愛的味噌丸子成列，客人可依照喜好進行選擇。

味噌蘊含能量
的祕密

具有各種健康&美容效果，一探味噌蘊含能量的祕密。

● 明亮肌膚・美白效果

味噌擁有維持美肌所需要的豐富優良蛋白質及多種維他命。若想擁有健康明亮的肌膚，建議食用蔬菜或海藻餡料豐富的味噌湯。

此外，味噌中含有游離亞油酸，可抑制黑色素形成，同時亦可預防黑斑、雀斑，美白效果也很好。

● 預防老化的功效

預防老化最重要的是抑制體內被稱為「毒鏽」的過氧化脂質產生。味噌中含有皂素及退黑激素，可預防細胞氧化。具有活化女性荷爾蒙作用的大豆異黃酮也含量豐富，抗老效果也很顯著。

● 有助瘦身功效

含有各種營養素的味噌，可說是瘦身時的最佳拍檔。食物纖維可調整腸道環境，促使老廢角質排出，排毒效果良好。

低卡路里卻能得到飽足感的味噌湯，非常適合在減肥時食用。

味噌讓人
更有活力！
更美麗！

● 活化大腦、思路清晰

味噌所含的大豆卵磷脂，可排除膽固醇，促進代謝，防止細胞老化，對大腦的活化作用也相當受人矚目。

除了能提升記憶力、判斷力、集中力之外，對於預防阿茲海默症及癡呆症也有相當的效果。

● 預防各種疾病

據日本衛生署調查結果顯示：一天喝3杯味噌湯的人和一天喝不到1杯的人比起來，乳癌的發生率約降低40%以下。此外，味噌還具有預防胃癌、肺腺癌、肝癌、大腸癌、放射線、高血壓、腦中風、肥胖、便祕……等等效果。

● 味噌具有30%的 減鹽效果

有人說味噌湯1杯量所含的鹽分約為1.2～1.4g，事實上並沒有這麼高。甚至，有研究報告指出，味噌湯的鹽分不但不會影響血壓，反而1天1杯的味噌湯可以讓血管年齡重返年輕。

此外，據說味噌所含的鹽分和一般的鹽比起來，減鹽效果高達30%。

參考：渡邊敦光所著的《味噌力》(かんき出版)

各式各樣的鄉土味噌

你知道在日本有這麼多種類的味噌嗎？顏色和味道也都不一樣喔！在此介紹各地不同氣候、風土所醞釀而成的各式味噌。

●北海道味噌

因為自古就和佐渡及新潟交流頻繁，所以北海道味噌以類似佐渡的赤色中辛味（註1）噌為代表，味道爽口且溫和。

●津輕味噌 (青森)

以津輕三年味噌作為代表的長期熟成型赤色辛口（註2）味噌。鹽分很高，但吃起來不會死鹹，具有獨特的美味。

●仙台味噌(宮城)

傳承了伊達政宗召集專家們特意製作的軍糧用味噌「御鹽噌藏」的傳統赤色辛口味噌。

●秋田味噌

全部使用「良米之鄉」秋田的良質米和大豆做成的赤色辛口味噌。新口味噌麴素的比例比較高。

譯註1：「中辛」是指口味上界於甘口和辛口之間，屬於適中的一般口味。 譯註2：「辛口」是指口味上比較辛辣或太鹹的食物。

●會津味噌(福島)

會津盆地嚴苛的氣候條件下孕育而成的會津味噌，和津輕味噌齊名，同屬於長期熟成型的赤色辛口味噌。近年來也有很多口味較溫和的中辛口味噌。

●江戶甘味噌(東京)

大豆的香氣和麴素的甜味格外地相配，是江戶在地人喜好的道地味噌。常使用於味噌田樂（註3）或櫻鍋（註4）等江戶料理。

●越後味噌(新潟)

因為使用精磨的圓米，所以米粒看起來彷彿漂浮在味噌中。具有米麴的甜味及香氣。

●加賀味噌(石川)

鹽分較高的長期熟成型味噌。雖然沉穩的濃純味為其特徵，但最近也生產很多中辛口的味噌。

註3：田樂料理是把各種食物切成適口大小後串起來火烤，然後塗上一層薄味噌。 註4：櫻鍋是使用馬肉的鍋類料理。

●信州味噌(長野)

佔全日本味噌產量約4成的淡色辛口味噌代表。帶有微酸的香氣，全國都有生產。

●東海豆味噌
(愛知、三重、岐阜)

以中京地方為主而製造的豆味噌之總稱，以八丁味噌而聞名。濃郁的美味和澀味中，帶有些微的苦味。

●關西白味噌

以「西京味噌」的名字為人所熟知的白色淡味噌。獨特的甘甜味是它的特徵，不僅可用於味噌湯，其蘊含的美味和甜味也被廣泛使用於其他料理。

●府中味噌(廣島)

以良質米和脫皮大豆為原料做成的傳統白色甜味噌。擁有獨特的甘味和香氣。

●瀨戶內麥味噌
(愛媛、山口、廣島)

圍繞著瀨戶內海的愛媛、山口、廣島周邊是米味噌圈和麥味噌圈交界的地區。擁有小麥的獨特香氣和溫和的甘味。

●御膳味噌(德島)

雖然是赤色甘口味噌（註5），但因為鹽分和辛口味噌不相上下，擁有豐富的口感。因為專供蜂須賀公(蜂須賀家政)的御膳廚房使用而命名。

●薩摩味噌(鹿兒島)

熟成期比較短，顏色淡，甜度高的麥味噌。麥麴的香氣高，會殘留麴粒，是製作薩摩汁（註6）時不可缺的原料。

●讚岐味噌(香川)

和關西白味噌、廣島的府中味噌齊名，是白色甜味噌的代表之一。濃郁的甘味和豐富的口感為其特徵。

●九州麥味噌

雖然是麥味噌的主要生產地，卻有很多米麥混合而成的味噌。熟成時間短，大都屬甘口味噌，顏色為淺~深的淡赤色。

註5：甘口味噌是指味道比較甜、比較淡的味噌。

註6：薩摩汁是使用雞肉或豬肉做成的味噌湯料理，鹿兒島的鄉土料理之一。

協助：みそ健康づくり委員　(日本味噌推廣局)

挑戰動手做味噌

就如同「手前味噌」的意思是「自吹自擂」一樣，從很久以前開始，每個家庭都會自行製作味噌。因此，味噌丸子所使用的味噌，也請自己動手做吧！目前市面上也有販售材料(大豆、麴素、鹽)俱全的材料包組。手作味噌會讓你吃到意想不到的美味喔！請你一定要動手試看看。

材料 (味噌1.3kg量)

●甘口味噌

「プラス糀
米こうじ」
(米麴素)
…300g

大豆…250g
食鹽…120g
大豆煮汁…110ml

●辛口味噌

「プラス糀
米こうじ」
(米麴素)
…300g

大豆…430g
食鹽…155g
大豆煮汁…10ml

◎準備器具

大鍋、大型攪拌盆、湯勺、木刮刀、
研磨缽和研磨棒
保存容器(味噌2kg用)
重石(200g左右)
防塵用蓋子
保鮮膜

作法

①大豆洗淨後，放進鍋裡，注入900ml以上的水，浸泡一晚。

②開火加熱，一開始大火，沸騰後轉小火~中火。加熱期間要添加水分使大豆不至露出水面，煮到手指按壓覺得柔軟為止。

約煮6個小時。

③將煮好的大豆放進研磨缽裡，趁熱以研磨棒磨碎。

煮汁濾出，但不要丟掉。

④將米麴和食鹽放入攪拌盆裡，以手拌勻。再放入磨碎的大豆和煮汁，確實攪拌混合至沒有顆粒為止。

這道程序稱為「上下翻動」。

⑤塞進乾淨的保存容器裡，要特別注意勿留有空氣的縫隙。

完成想要的味道了！

⑥為了避免與空氣接觸請使用保鮮膜緊密地覆蓋，然後以重石重壓。蓋上防塵套，放在室溫下保存，要避免陽光直射。

⑦1～2星期後，以乾淨的手或刮刀將味噌上下翻動，使其均勻地發酵。充分混入水分後，再確實緊壓避免空氣進入，覆蓋保鮮膜後，壓重石，最後蓋上防塵套。

⑧第10天時，再看一次狀況。夏天約2~3個月，冬天約5~6個月即可食用。

協助：マルコメ株式 社

全國首選「味噌」

① 特徵　② 公司名(所在縣市)　③ 聯絡地址　④ HP網址

トモエmisoピリカ

① 使用高異黃酮大豆「ゆきぴりか」
② 福山釀造(北海道)
③ TEL：0120-120-280
④ www.tomoechan.jp

うき糀

① 100%使用日本國產米・日本國產大豆的低鹽味噌
② 花角味噌釀造(山形縣)
③ TEL：0238-23-0641
④ www.kakurikimiso.com

本場仙台みそ

① 活用大豆美味的濃醇赤味噌
② 仙台味噌醬油(宮城縣)
③ TEL：022-286-3151
④ www.sendaimiso.co.jp

神州一味噌 み子ちゃん

① 爽口的淡色過濾味噌，活麴素充滿生命力
② 宮坂釀造(東京都)
③ TEL：0120-550-553(客戶專線)
④ www.miyasaka-jozo.com

元祖秋田味噌

① 天然釀造，歷經1年6個月熟成的秋田味噌
② 小玉釀造(秋田縣)
③ TEL：018-877-2100
④ www.kodamajozo.co.jp

復刻仕込 越後味噌

① 大豆完全蒸熟，滋味濃郁的味噌
② 峰村商店(新潟縣)
③ TEL：025-247-9321
④ www.minemurashouten.co.jp

雪室熟成味噌ほぅ味（白味噌）

① 在新潟的雪倉庫「雪室」中低溫熟成的味噌
② たちばな（新潟縣）
③ TEL：0258-32-1533
④ www.misodama.jp

安曇野甘口こうじ

① 米麴豐富的甘口信州赤味噌，使用日本國產原料
② 上高地みそ（長野縣）
③ TEL：0120-711322
④ www.kamikoutimiso.co.jp

有機加賀みそ

① 使用國內產有機原料，天然醸造而成的有機味噌
② 加賀味噌食品工業協業組合（石川縣）
③ TEL：076-275-5188
④ www.kagamiso.or.jp

匠御膳天然醸造みそ

① 使用日本國產原料，天然醸造的濃縮味噌
② 山高味噌（長野縣）
③ TEL：0266-72-3131
④ www.yamataka.co.jp

王熟

① 使用日本國產越光米和脫皮日本國產大豆製造
② 日本海味噌醬油（富山縣）
③ TEL：076-472-2121
④ www.nihonkaimiso.co.jp

無添加 円熟こうじみそ

① 能享受麴素原有甘甜滋味的無添加味噌
② ひかり味噌（長野縣）
③ TEL：03-5940-8850（客戶諮詢室）
④ www.hikarimiso.co.jp

越前蔵味噌

① 創業於天寶2年、大本山永平寺御用之麴味噌
② 米五（福井縣）
③ TEL：0776-24-0081
④ www.misoya.com

無添加こうじみそ

① 使用日本國產100％原料米製作而成的無添加味噌
② ハナマルキ（長野縣）
③ TEL：0120-870780
④ www.hanamaruki.co.jp

名人のみそ

① 由認證工匠監督，信州諏訪產的天然釀造味噌
② 竹屋（長野縣）
③ TEL：0266-52-4000
④ www.takeya-miso.co.jp

三河產大豆 八丁味噌

① 使用三河產大豆天然釀造而成的味噌
② カクキュー八丁味噌（愛知縣）
③ TEL：0120-238-319
④ www.kakukyu.jp

プラス糀 生糀みそ

① 奢侈地使用米麴素，擁有濃醇甘甜滋味的味噌
② マルコメ（長野縣）
③ TEL：0120-85-5420
④ www.marukome.co.jp

紅こうじ御味噌

① 添加紅麴，香氣豐富濃郁的美味味噌
② 本田味噌本店（京都府）
③ TEL：075-441-1131
④ www.honda-miso.co.jp

味の饗宴 無添加生

① 以三種麴素為基底發酵而成的無添加混合味噌
② マルサンアイ（愛知縣）
③ TEL：0120-92-2503
④ www.marusanai.co.jp

赤味噌（2倍麴素）

① 以大豆1，米麴素2的比例製造而成的奢侈美味紅味噌
② 南宗味噌（大阪府）
③ TEL：072-444-6066
④ nansoumiso.com

壱年仕込粒（豆味噌）

① 使用日本國產特殊栽培大豆製造的含顆粒田舍味噌
② みそぱーく・はと屋（愛知縣）
③ TEL：0563-56-7373
④ www.misopark.com

長期熟成味噌「The MISO」

① 長期熟成醞釀出豐富的香氣
② ジャポニックス（大阪府）
③ TEL：06-6441-5678
④ www.japonix.co.jp

芦屋そだち米赤つぶ味噌

① 日本國產食材天然醸造，
　鹽分約10%的甘口味噌
② 六甲味噌製造所（兵庫縣）
③ TEL：0797-32-6111
④ www.rokkomiso.co.jp

生詰 無添加あわせみそ

① 使用豐富的米、麥麴素製
　造而成的無添加混合味噌
② フンドーキン醬油（大分縣）
③ TEL：0972-63-2111
④ www.fundokin.co.jp

奇跡の味噌

① 自然栽培原料在杉木桶中
　熟成。無添加・生味噌
② まるみ麴本店（岡山縣）
③ TEL：0866-99-1028
④ marumikouji.jp

百年乃蔵 米麦合わせ

① 完全使用熊本縣產的原材
　料製造而成的高級混合味噌
② ホシサン（熊本縣）
③ TEL：0120-868-824
④ www.hoshisan.co.jp

ゴールデン新庄みそ

① 美味且香氣濃郁的中甘米
　味噌
② 新庄みそ（廣島縣）
③ TEL：082-237-2101
④ www.shinjyo-miso.co.jp

カネナ無添加合わせ味噌

① 大麥和米麴的比例偏多，
　充分發揮麴素的甜味
② 長友味噌醬油釀造元
　（宮崎縣）
③ TEL：0985-65-1226
④ www.kanena.jp

ギノー国産伊予のみそこし

① 活用麴素原有的甘甜美味
　做成的麥味噌
② 義農味噌（愛媛縣）
③ TEL：0120-84-2135
④ www.gino-miso.co.jp

MISOMARU

PROFILE

藤本智子

1985年出生，現居在橫濱市。曾從事服裝銷售員、街拍模特兒、時尚雜貨經理，2011年以「味噌女孩」身分進行「365日味噌生活宣言」，開始展開味噌推廣活動。2012年取得「味噌認證師」。2014年創刊「日本味噌月刊」。2015年擔任「米蘭國際博覽會日本館支援人員」。2015年擔任「朱鷺米支援大使」（佐渡市）。曾獲「東久邇宮文化褒獎」。以味噌女孩為主角的漫畫「いつか母になるために～身素も身祖も身礎・美蘇もみーんな『味噌』!」(美健ガイド社)也正好評發售中。

TITLE

用味噌小丸子 沖泡一碗湯

STAFF

出版	瑞昇文化事業股份有限公司		戶名	瑞昇文化事業股份有限公司
作者	藤本智子		劃撥帳號	19598343
譯者	蔣佳珈		地址	新北市中和區景平路464巷2弄1-4號
			電話	(02)2945-3191
總編輯	郭湘齡		傳真	(02)2945-3190
責任編輯	黃思婷		網址	www.rising-books.com.tw
文字編輯	黃美玉　莊薇熙		Mail	resing@ms34.hinet.net
美術編輯	謝彥如			
排版	靜思個人工作室		初版日期	2016年6月
製版	昇昇興業製版股份有限公司		定價	200元
印刷	桂林彩色印刷股份有限公司			
法律顧問	經兆國際法律事務所　黃沛聲律師			

國家圖書館出版品預行編目資料

用味噌小丸子 沖泡一碗湯 / 藤本智子作 ; 蔣佳
珈譯. -- 初版. -- 新北市 : 瑞昇文化, 2016.06
96　面 ; 14.8 x 17.8　公分
ISBN 978-986-401-099-8(平裝)

1.食譜 2.湯 3.日本

427.131　　　　　　　　　　　105008879

ORIGINAL JAPANESE EDITION STAFF

撮影	寺岡みゆき
ブックデザイン	阪戶美穗
パターン	黑木真希 (Kuff Luff)
編集•スタイリング協力	鈴木聖世美(hbon)